Refaz Ahmad Dar
Mohd. Shahnawaz
Parvaiz Hassan Qazi

Um novo horizonte no domínio da descoberta de medicamentos

Refaz Ahmad Dar
Mohd. Shahnawaz
Parvaiz Hassan Qazi

Um novo horizonte no domínio da descoberta de medicamentos

ScienciaScripts

Imprint
Any brand names and product names mentioned in this book are subject to trademark, brand or patent protection and are trademarks or registered trademarks of their respective holders. The use of brand names, product names, common names, trade names, product descriptions etc. even without a particular marking in this work is in no way to be construed to mean that such names may be regarded as unrestricted in respect of trademark and brand protection legislation and could thus be used by anyone.

Cover image: www.ingimage.com

This book is a translation from the original published under ISBN 978-620-2-07042-3.

Publisher:
Sciencia Scripts
is a trademark of
Dodo Books Indian Ocean Ltd. and OmniScriptum S.R.L publishing group

120 High Road, East Finchley, London, N2 9ED, United Kingdom
Str. Armeneasca 28/1, office 1, Chisinau MD-2012, Republic of Moldova, Europe
Printed at: see last page
ISBN: 978-620-8-25213-7

Dedicado a:

Aos meus pais: pelo seu apoio incondicional, pelo seu encorajamento, pela sua orientação e pela sua crença em todos os aspectos da minha vida

Sobre os autores:

Dr. Refaz Ahmad Dar (M. Sc., Ph. D.)

O Dr. Refaz Ahmad Dar nasceu em 1983 na aldeia remota de Akingam, pertencente ao distrito de Anantnag, no Estado de Jammu e Caxemira. É o filho mais velho dos seus pais e, desde a infância, interessou-se pelas ciências. Fez os seus estudos básicos na sua terra natal. Concluiu o bacharelato (B. Sc. General Course) no Govt. Degree College Anantnag, Anantnag (afiliado à Universidade de Caxemira, Srinager) com uma segunda divisão. Em 2005, mudou-se para Bhopal para fazer o seu mestrado. Concluiu o seu mestrado em Biotecnologia no Shah-Shib College of Science and Management, Parvillia, Bhopal (afiliado à Barkatullah University, Bhopal) em 2007 com a Primeira Divisão. Durante o seu mestrado, teve a oportunidade de concluir a sua dissertação de mestrado no SKIMS, Caxemira. Depois de concluir o seu mestrado em Biotecnologia, foi selecionado como assistente de projeto na Divisão de Biotecnologia Microbiana, CSIR-IIIM Jammu (então RRL Jammu). Trabalhou aí sob a orientação do Dr. Parvaiz H. Qazi, Cientista Sénior. Mais tarde, qualificou-se no PET da Universidade Guru Nanak Dev, Amritsar, e inscreveu-se para o seu doutoramento em Biotecnologia sob a orientação do Dr. Parvaiz H. Qazi. Durante o período do seu programa de doutoramento, qualificou-se na prestigiada entrevista do JKPSC e foi selecionado como professor de Biotecnologia no nível plus 2. Mais tarde, completou também o doutoramento com muito trabalho e, finalmente, em 2016, defendeu com êxito a sua tese e obteve o grau de doutor. Durante o período da sua carreira de investigação, apresentou o seu trabalho em várias partes do país. Tem também vários artigos publicados em revistas de renome. Durante a sua tese de doutoramento, colaborou com um dos seus amigos, o Dr. Mohd. Shahnawaz (Khakii). O presente livro é o seu esforço conjunto. Atualmente, trabalha como professor de biotecnologia na Govt Girls Higher Secondary School, Anantnag, Caxemira. Tem dois livros publicados na LAP, Alemanha, e um livro em fase de publicação na mesma editora.

Dr. Mohd. Shahnawaz (M. Sc., M. Phil., Ph. D.)

O Dr. Mohd. Shahnawaz *(Khakii)* nasceu em 1983 numa aldeia remota de Kejayee (Affani) Padder, no distrito de Kishtwar, no Estado de Jammu e Caxemira. Concluiu o ensino primário no distrito de Kishtwar. Concluiu o bacharelato em ciências no Govt. Degree College Kishtwar, Universidade de Jammu, Jammu, em 2005. Mudou-se para Bhopal e fez o mestrado em botânica em 2007 no Shah-Shib College of Science and Management, Bhopal (afiliado à Barkatullah University Bhopal, Índia). Em 2006, teve a oportunidade de trabalhar sob a supervisão do Dr. Surrinder K. Lattoo no Instituto Indiano de Medicina Integrada, Canal Road Jammu, Jammu (que substituiu a RRL, Jammu). Sob a direção do

Sob a orientação do Dr. Altafhussain B. Nadaf, concluiu o seu mestrado em Botânica em 2010 com a classificação "A" no Departamento de Botânica da Universidade de Pune, Pune, Índia. Para os seus estudos de doutoramento, trabalhou sob a orientação do Prof. Avinash B. Ade, na mesma instituição. Trabalhou na bioremediação de polietileno utilizando rizobactérias. Foi-lhe atribuída uma bolsa de investigação e uma bolsa de mérito UGC, UGC-Maulana Azad National Fellowship for Minorities durante os seus estudos de mestrado e doutoramento pela Universidade de Pune e pela University Grants Commission, Índia, de tempos a tempos. Em abril de 2016, concluiu com êxito o seu doutoramento. Após a obtenção do doutoramento, trabalhou como professor contratado de botânica no Govt. Degree College Kishtwar, Kishtwar. Atualmente, trabalha como bolseiro de pós-doutoramento DST-SERB-National na Divisão de Biotecnologia Vegetal, CSIR-IIIM Jammu, sob a orientação do Dr. Sumit G. Gandhi, Cientista Sénior. Apresentou o seu trabalho em várias conferências nacionais e internacionais em diferentes partes do país e tem também vários artigos de investigação a seu crédito, publicados em revistas de renome. Foi coautor de 3 livros da LAP, Alemanha, e um livro está em fase de publicação pela mesma editora.

Dr. Parvaiz Hassan Qazi (M. Sc., Ph.D., PDF

O Dr. Parvaiz Hassan Qazi nasceu no distrito de Soibug Badgam do Estado de Jammu e Caxemira. Concluiu o ensino secundário na sua terra natal. Concluiu a licenciatura e a pós-graduação na Universidade de Caxemira, Srinager. Fez o doutoramento no CSIR-III Jammu, Jammu e Caxemira, Índia. Recebeu vários prémios e bolsas (JRF e SRF do CSIR) durante o seu período de investigação. Também completou a sua investigação de pós-doutoramento no estrangeiro. Apresentou o seu trabalho em várias conferências nacionais e internacionais em todo o mundo. [st]Foi galardoado com o prémio de melhor artigo (1997) pela Associação Muçulmana para o Avanço da Ciência (MAAS) e com o prémio de melhor apresentação de poster (2000) pela Associação de Microbiologistas da Índia (AMI). Trabalhou como investigador associado no CSIR-IIIM, Sanatnager,

Srinagar, entre 2003 e 2004. Foi selecionado como cientista em 2004 no Avesthagen Graine Technologies Pvt. Ltd. Bangalore, onde trabalhou durante dois anos. Mais tarde (2006) foi selecionado como Cientista no CSIR-IIIM Jammu numa base permanente e em 2013 foi promovido a Cientista Sénior. Tem vários artigos com bom fator de impacto publicados em revistas de renome e outras. É membro da Associação de Microbiologistas da Índia (AMI) e da Associação Muçulmana para o Avanço da Ciência (MAAS). As suas áreas de interesse são:
a) exploração da biodiversidade microbiana, com especial ênfase em bactérias psicrófilas/psicrotolerantes (extremófilas) e actinomicetas das regiões mais frias de Jammu e Caxemira - Índia, tendo em vista o potencial biotecnológico dos seus produtos, b) isolamento e caraterização de bactérias/fungos endofíticos de plantas medicinais de elevado valor de Caxemira, tendo em vista os seus bioactivos, c) bioprospecção de plantas medicinais raras de elevada altitude e normalização dos seus protocolos de regeneração in vitro para multiplicação em massa.

Orientou vários estudantes a nível de mestrado, doutoramento e pós-doutoramento com o seu excelente temperamento científico. Atualmente, está ocupado com vários projectos de investigação financiados por várias agências de financiamento do Governo da Índia (DST, DBT, CSIR).

Agradecimentos

Louvado seja Deus Todo-Poderoso, que criou os céus e a terra e deu origem às trevas e à luz; porém, os incrédulos consideram os outros iguais aos seus senhores.

Antes de mais, gostaria de inclinar a minha cabeça perante Deus Todo-Poderoso, que me abençoou com a oportunidade e os instintos que me levaram a trabalhar.

"Uma qualificação do sucesso é que não trazemos resultados harmoniosos e benéficos para nós próprios, mas também partilhamos esses benefícios com os outros"

Uma viagem é mais fácil quando viajamos juntos. O presente livro é o resultado da minha tese de doutoramento. Fui acompanhado e apoiado por muitas pessoas. É uma honra e uma oportunidade muito agradável poder exprimir a minha gratidão a todas elas.

Estou extremamente grata aos meus adoráveis pais, Mohammad Akbar Dar e Dilshada Akhter, que acreditaram em mim e me apoiaram em todas as etapas da minha vida. Este livro não teria sido possível sem as suas bênçãos. O seu apoio moral tornou possível a realização do meu objetivo. Agradeço-lhes o amor, a compreensão e o apoio que me deram desde o momento em que nasci. Sem a atmosfera pacífica que criaram em casa, não teria chegado a este ponto da minha vida. Eles fizeram o melhor trabalho durante estes anos com a sua paciência, com a sua energia que enviaram.

Expresso os meus profundos agradecimentos ao Dr. Qazi Parvaiz Hassan, Cientista Sénior, Biotecnologia

Divisão, IIIM. O seu apoio inabalável, a coerência dos seus pensamentos científicos e a sua notável presença de espírito impulsionaram-me ao longo do meu percurso académico para avançar nos melhores momentos e nas horas mais sombrias. Estou-lhe muito grato por me ter mostrado a quarta dimensão da vida chamada "Ciência". Sinto-me extremamente afortunado por ser considerado um dos seus alunos

É um prazer agradecer a todos aqueles que tornaram este livro possível: o meu querido irmão Aejaz e as minhas irmãs Shoby e Shugufta, pelo seu amor infinito, desejos, sorrisos calorosos, orientação amigável e encorajamento. Apoiaram-me ao longo de todos os meus estudos com o seu apoio constante e as suas orações. Obrigado por tudo o que são para mim.

Estou também muito grato à minha querida esposa, a Dra. Saima R. Dar, pelo seu amável encorajamento, apoio e orientação alargada para tornar realidade o sonho da publicação deste livro.

Por último, mas não menos importante, gostaria também de agradecer sinceramente a todas as pessoas que me ajudaram direta ou indiretamente durante o período da minha investigação.

(Refaz Ahmad Dar)

Índice

CAPÍTULO 1	11
CAPÍTULO 2	15
CAPÍTULO 3	25
CAPÍTULO 4	31
CAPÍTULO 5	36

CAPÍTULO 1

Introdução

1.1Introdução:

Entre as fontes naturais, o potencial dos endófitos na descoberta de medicamentos foi identificado na última década (Pirttila e Frank 2011). A procura de novos metabolitos secundários parece ser caraterística de certos biótopos, centrada em organismos que inibem biótopos únicos. Um fungo que produz um metabolito secundário pode variar consoante o biótopo onde cresce e ao qual se adapta. Os genes envolvidos na produção de metabolitos secundários parecem agrupar-se em fungos e bactérias (Keller NP et al 2005) e ganharam atenção porque os métodos de rastreio genético são rápidos, económicos e sensíveis. Os endófitos fúngicos albergam uma grande variedade de metabolitos secundários bioactivos com uma estrutura distinta, incluindo alcalóides, benzopiranonas, flavonóides, ácidos fenólicos, quininas, saponinas, esteróides, terpenóides, xantonas e outros (Tan Rand Zou W 2001). O respetivo nicho ecológico e a interação metabólica persistente entre o fungo e a planta podem aumentar a síntese de metabolitos secundários (Rakshith D et al 2010). Fungos endofíticos detectáveis por cromatografia líquida de alta eficiência, ressonância magnética nuclear, espetrofotómetro de massa e cristalografia de raios X e a sua citotoxicidade dos compostos bioactivos contra linhas de células cancerígenas. Os compostos com potencial aplicação foram também considerados na seleção de compostos antitumorais que são produzidos por fungos endófitos.

O isolamento e a identificação de metabolitos de microrganismos, especialmente de fungos endofíticos, estão a crescer rapidamente, como se pode observar pelo aumento do número de revisões, patentes e artigos de investigação originais publicados todos os anos neste domínio moderno da descoberta de medicamentos (Tejesvi e Pirttila 2011). A presença de muitos metabolitos fúngicos no mercado farmacêutico indica o potencial dos microrganismos como uma fonte valiosa de fármacos principais, por exemplo, o terpenóide antibacteriano ácido fusídico (Fucidin®), o policetídeo antibiótico griseofulvina (LikudenM ®), penicilinas e cefalosporinas semi-sintéticas ou sintéticas, cloranfenicol, macrólidos, estatinas, bem como os alcalóides da cravagem do centeio, como a ergotamina (Ergo-Kranit ®) (Hamilton-Miller 2008; Butler, 2008; Parry et al. 2011). Para além disso, os endófitos obtiveram recentemente atenção na bio-inoculação para aumentar o crescimento da planta (biomassa) e a produção de metabolitos secundários chave da planta. Este facto é exemplificado pela bio-inoculação de endófitos bacterianos na planta

Catharanthus roseus. A C. roseus é particularmente conhecida pelos seus alcalóides indol terpenóides terapeuticamente úteis, incluindo os alcalóides bisindole anticancerígenos vinblastina e vincristina, bem como outros alcalóides, como a ajmalicina e a serpentina (Tiwari et al. 2013).

Os endófitos de plantas, no entanto, receberam menos atenção - até à descoberta de um fungo produtor de taxol na casca e nas agulhas do teixo do Pacífico do Noroeste. Em 2011, publicámos uma revisão dos compostos citotóxicos ou anticancerígenos produzidos por endófitos de plantas (Kharwar RN et al 2011). Mais de 100 compostos com atividade citotóxica ou anticancerígena demonstrada tinham sido isolados de fungos endofíticos - incluindo vários compostos originalmente isolados de plantas superiores (Kharwar RN et al 2011). Menos de 10% destes compostos foram isolados de espécies de coníferas (Kharwar RN et al 2011). O nosso próprio trabalho com os endófitos fúngicos das coníferas mostrou que são produtores ricos de metabolitos secundários bioactivos. Esta revisão destacará os compostos bioactivos isolados de fungos associados à casca ou às agulhas de várias coníferas.

Os fungos endófitos são um grupo diversificado e versátil de microrganismos que colonizam plantas no Ártico, Antártico, solos geotérmicos, desertos, oceanos, florestas tropicais, mangais e florestas costeiras (Kharwar RN et al 2011). Foram isolados dos complexos de raízes e partes aéreas de uma vasta gama de hospedeiros, incluindo algas, briófitas, pteridófitas, gimnospérmicas e angiospérmicas (Kharwar RN et al 2011). Os endófitos foram encontrados em todas as plantas estudadas até à data. Existem mais de 300.000 espécies de plantas superiores e pode presumir-se que cada uma destas espécies alberga uma comunidade complexa de micróbios endofíticos (Saikkonen K et al 1998). Os endófitos podem infetar virtualmente 100% da população de um hospedeiro ou uma pequena fração da população. Embora a relação entre os endófitos e os seus hospedeiros varie de organismo para organismo, os endófitos fúngicos são uma componente importante da biodiversidade microbiana. Estes habitantes discretos dos tecidos das plantas superiores podem representar uma fonte rica de géneros ainda não descobertos e inexplorados que contribuem para a diversidade fúngica e para a investigação de metabolitos secundários (Saikkonen K et al 1998).

CAPÍTULO 2

Compostos anticancerígenos de fungos endófitos

2.1 Introdução:

A utilização de medicamentos de microrganismos como agentes quimioterapêuticos contra o cancro (American Cancer Society 2009) constitui uma vasta gama de fármacos com um impacto constante e frutífero. Os novos medicamentos anticancerígenos são também um pré-requisito devido à elevada taxa de mortalidade a nível mundial (Pisaniet al. 1999). Uma das principais causas de mortalidade a nível mundial é o cancro, com cerca de 13% de mortes em 2004 (OMS 2009). Conforme evidenciado por diferentes investigadores, os metabolitos bioactivos produzidos pelos endófitos podem ser uma abordagem alternativa para a descoberta de novos medicamentos anticancerígenos (Firakovaet *al.* 2007; Guoet *al.* 2008; Debbabet al. 2011). Em 2002, os micróbios foram a fonte de 22.500 compostos bioactivos, dos quais 17% foram obtidos a partir de bactérias unicelulares (principalmente Pseudomonas e Bacillus), 45% a partir de bactérias filamentosas *{Actinomyeetes)* e 38% a partir de fungos (Singh e Macdonald 2010). Os fungos endofíticos são novas fontes de moléculas anticancerígenas de topo (Chandra 2012). Com a descoberta da actinomicina, a comunidade científica entrou no mundo dos micróbios em busca de novos medicamentos anticancerígenos. A descoberta do taxol produzido por endófitos abriu caminho para a exploração das caraterísticas anticancerígenas dos metabolitos secundários dos endófitos fúngicos. Esta molécula é o primeiro medicamento anticancerígeno do mundo no valor de mil milhões de dólares e é utilizada no tratamento do cancro da mama, do pulmão, do ovário e de outras doenças de proliferação de tecidos humanos. O isolamento do endófito produtor de taxol *Taxomyce) andreanae* abriu outro caminho para encontrar compostos económicos e mais acessíveis através da fermentação microbiana (Stierleet al. 1993). Alguns fungos endofíticos vitais pertencentes a diversos géneros, tais como Pithomyces sp., Taxomyces Andreanae, Periconia sp., Alternaria alternata, Pestalotiopsis microspore. Recentemente, Mirjaliliet al. (2012) reconheceram o endófito Stemphylium sedicola SBU-16 do Taxus baccata com o gene Taxus taxadiee synthase (ts), que codifica a enzima que catalisa a via de biossíntese do taxol. O fungo endofítico produz os agentes anticancerígenos mais fortes, como os alcalóides. Wagenaaret al. (2000) descreveram três novos alcalóides citocalasinas (Fig. 2.2) do género endofítico Rhinocladiella com ação anticancerígena. A camptotecina e os seus análogos com actividades antitumorais foram produzidos por um fungo endofítico Fusarium solani isolado de Camptotheca acuminate (Kusarietal . 2009). A 10-hidroxicamptotecina e a camptotecina são dois pioneiros vitais para a produção de fármacos anticancerígenos de valor farmacêutico, como o irinotecano e o topotecano (Uma et al. 2008). A camptotecina ou os seus análogos que produzem endófitos fúngicos foram relatados por diferentes investigadores em todo o mundo com potencial anticancerígeno (Amna et al. 2006; Liu et al. 2010; Rehmanet al. 2008; Shwetaet al. 2010).

Os lignanos apresentam uma vasta multiplicidade biológica e estrutural, particularmente na quimioterapia do cancro (Korkina et al. 2007). O Trametes hirsuta é o novo fungo endófito que tem a capacidade de produzir lignanos de aril tetralina "podofilotoxinas" (Fig. 2.1) (Puri et al. 2006). Os lignanos bioactivos e com potentes propriedades anticancerígenas, antioxidantes e radioprotectoras são produzidos por microrganismos endofíticos. Em vários tipos de cancro, os derivados da podofilotoxina são utilizados como quimioterapia. Os micróbios endofíticos que produzem fenilpropanóides têm atraído muita atenção para utilizações farmacêuticas, nomeadamente como fármacos antioxidantes e anticancerígenos, e foram produzidos pelos micróbios endofíticos (Korkinaet al. 2007). O fungo endófito Curvulari alunata, isolado de Niphateso lemda, produziu citosquirinas (Fig. 2.1), que é reconhecida como uma forte molécula antitumoral (Brady et al. 2000; Jadulcoet al. 2002). O endófito fúngico Phomamedicaginis ligado a plantas medicinais importantes Medicago sativa e Medicago lupulina, produziu o antibiótico brefeldina A (Fig. 2.1) que também iniciou a morte apoptótica de células cancerígenas (Weber et al. 2004). Um xanteno dimérico Ergoflavina (Fig. 2.1) foi designado como um novo chumbo anticancerígeno produzido por um endófito fúngico (Deshmukhet al. 2009). O fungo endofítico não identificado XG8D encontrado em associação com a planta Xylocarpus granatum, produziu um novo peróxido de nor- chamigraneendo, merulina A (Fig. 2.1), endoperóxidos de chamigrane e merulina C (Fig. 2.1). Para além destes, existem alguns outros compostos anticancerígenos, como mostra a Fig. 2.1.

Alguns dos metabolitos endofíticos fúngicos apresentam uma citotoxicidade sólida contra diversas linhas de células cancerígenas, o que pode ser benéfico para a descoberta de medicamentos antitumorais principais. Alguns dos endófitos fúngicos e os seus compostos anticancerígenos são apresentados no Quadro 2.1 abaixo.

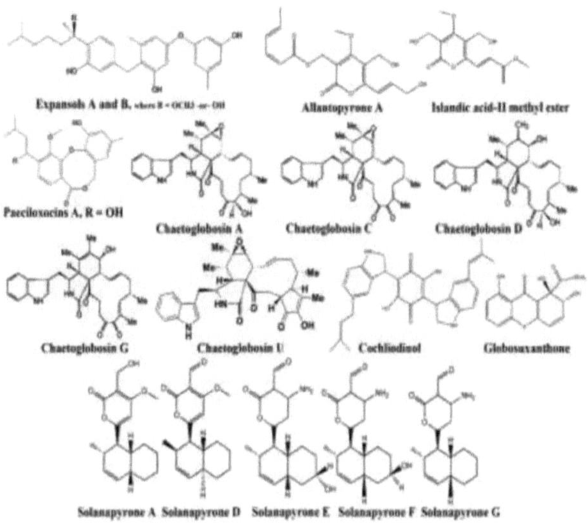

Figura 2.1 Estrutura de alguns agentes anticancerígenos isolados de fungos endofíticos

Quadro 2.1 Endófitos fúngicos e seus compostos anticancerígenos

Host plant	Endophytes	Bioactive metabolite	Activity	Reference
Torreya Taxifolia	*Pestalotiopsis Microspore*	Torreyanica cid	Anti-cancer	Lee *et al.* 1996
Taxusmairei	*Tuberculariasp . strainTF5*	Taxol	Anti-cancer	Jianfeng *et al.* 2000
Nothapodytes Foetida	*Entrophospora Infrequens*	Camptothec in	Anti-cancer	Puri*etal.* 2005
Cynodondactyl on	*A. niger IFB-E003*	Rubrofusarin B	Anti-cancer	Shen*et al.* 2006
Podophyllum Hexandrum	*Trametes hirsute,*	Podophyllot oxin	Anti-cancer	Puri*etal.* 2006
Ocimum basilicum,	*Phyllosticta sp.6*	Taxol	Anti-cancer	Gangade vi*et al.* 2008
Taxuschinens is	*Fusarium solani*	Taxol	Anti-cancer	Deng, *etal.* 2009
Xylocarpusgr anatum	*Unidentified XG8D*	merulin A merulin c	Anti-cancer	Chokpaib oon*et al.* 2010
Taxusbaccata	*Stemphyliumsed icola*	Taxol	Anti-cancer	Mirjalili*e t al.* 2012

Acredita-se que a co-evolução a longo prazo entre os fungos endofíticos e a sua planta hospedeira para estabelecer uma relação amigável molda os padrões de produtos naturais dos fungos endofíticos. Os fungos endofíticos que residem nas plantas biossintetizam metabolitos secundários importantes para as plantas.

Existem alguns compostos de chumbo naturais isolados de fungos endofíticos que actuam como compostos anticancerígenos de chumbo, nomeadamente o paclitaxel, a podofilotoxina, a camptotecina, a vincristina e a vinblastina.

2.2 Fungos endofíticos produtores de paclitaxel:

O paclitaxel é o mais antigo composto anticancerígeno obtido a partir de endófitos. Trata-se de um diterpenóide altamente funcionalizado obtido a partir dos endófitos Taxomyces andreanae obtidos da espécie vegetal Taxus brevifolia, conhecida como teixo do Pacífico, que pertence à família Taxus. A maquinaria biossintética do taxol difere especificamente na combinação de genes estruturais e reguladores de um isolado de Pestalotiopsis microspora para outro. O paclitaxel é produzido a partir das espécies endofíticas mais comummente isoladas P. microspora de Taxus wallichiana (Strobel G et al 1996) e Tubercularia sp. do teixo chinês do sul (Taxusmairei) na província de Fujian (Wang J et al 2000. A produção de paclitaxel foi múltipla a partir de isolados de P. microspora colocados em quarentena a partir de ciprestes calvos na Carolina do Sul (Li JY et al 1996), e em Pestalotiopsis guepini isolado de pinheiro Wollemi (Wollemianobilis) uma espécie extremamente rara da Austrália (Strobel GA et al 1997). A maior quantidade de Taxol produzida por um fungo endofítico, P. terminaliae, isolado da Terminalia arjuna (Gangadevi et al 2009). Mais de duas dúzias de fungos produtores de Taxol foram reconhecidos (Zou Z et al 2010), incluindo fungos endofíticos de mangue Fusarium oxysporum de Rhizophora annamalayana (Elavarasi A et al 2012) e de um fungo endofítico, Fusarium redolens do teixo dos Himalaias de Taxus baccata (Garyali S et al 2013). O Alternariasp. isolado das cascas de Corylusavellana também exibiu uma produção extracelular de paclitaxel no meio MID (Michalczyk et al 2015).

2.3 Fungos endofíticos produtores de podofilotoxina (PDT):

A podofilotoxina (PDT) e a lignina aril tetralina com capacidade anticancerígena, antiviral, antioxidante, antibacteriana e de estimulação imunitária ocorreram normalmente em géneros de Diphylleia, Dysosma, Sabina (Yang X et al 2013). O primeiro relatório de uma estratégia alternativa para a produção eficiente de podofilotoxina foi encontrado em Sinopodo-phyllum hexandrum, Diphylleiasinensis e Dysosmaveitchii

(Yang X et al 2013). Verificou-se que a PDT pode ser produzida a partir de um fungo endofítico Alternaria sp. de Sabina vulgaris (. Lu L et al 2006). Os dois endófitos, Phialo cephalafortinii estirpes PPE5 e PPE7 também foram capazes de produzir PDT a partir dos rizomas de *Sinopodophyllum peltatum* com o rendimento de 0,5-189 pig/1 em cultura de suspensão líquida (Eyberger A et al 2006). Também foi produzida a partir de um fungo endofítico *Trametes hirsute* de *Sinopodophyllum hexandrum* em cultura em caldo Sabouraud (Puri S et al 2006), enquanto *Alternaria* sp. isolada de *Sinopodophyllum hexandrum (*Cao L et al 2007) e também a partir do fungo endofítico *Fusarium oxysporum* recuperado de *jumiperus recurva* (Kour A et al 2008). Um novo fungo endofítico produtor de PDT de *Fusarium solani* foi isolado das raízes de

Podophyllum hexandrum (Nadeem M et al 2012).

Recentemente, um fungo endofítico, *Mucor fragile* (TW5) foi isolado de Sinopodophyllum hexandrum que produz podofilotoxina (Huang JX et al 2014).

2.4 Fungos Endofíticos Produtores de Camptotecina (CPT) e seus Análogos:

A camptotecina (CPT), um alcaloide pentacicloquinolina, foi obtida pela primeira vez a partir da madeira de Camptotheca acuminate (Nyssaceae) (Wall M et al 1996). A CPT e o seu análogo10-hidroxicamptotecina são eficazes na inibição da enzima intranuclear topoisomerase-1, necessária para a replicação e transcrição do ADN durante os eventos moleculares (Hsiang YH et al 1985). O primeiro relatório de um fungo endofítico Entrophosporain frequens obtido de Nothapodytes foetida tinha a capacidade de produzir camptotecina (Puri S 2005). O F. solani obtido de Camptotheca acuminate pode ser capaz de produzir CPT, 9-metoxicamptotecina e 10-hidroxicamptotecina (Kusari S et al 2009). Os fungos endofíticos, Alternaria alternata, Fomitopsis sp. e Phomposis sp. isolados de Miquelia dentate (Icacinaceae) produziram CPT, 9-metoxi CPT (9- MeO-CPT) e 10-hidroxi CPT (10-OH-CPT), respetivamente. Os extractos fúngicos são eficazes contra linhas celulares de CA do cólon e da mama (Singh S et al 2013). Verificou-se também que um fungo endofítico Trichoderma atroviride LY357 isolado de C. acuminate produz o maior rendimento 142,15 pg 1(-1) em subcultura (Pu X et al 2013).

2.5 Fungos endofíticos produtores de Vinblastina/Vincristina:

A vinblastina e a vincristina, alcalóides indol terpenóides derivados da ligação de monómeros de vindolina e catarantina, são reconhecidos como agentes anticancerígenos (Perez J et al 2002, Wang Q et al 2010). O principal mecanismo de ação da vincristina consiste em interferir com a formação de microtúbulos e a dinâmica do fuso mitótico, e a interrupção do transporte intracelular conduz à antiangiogénese (Moore A 2009). Os fungos endofíticos Alternaria sp. e F. oxysporum isolados do floema de Catharanthus roseus têm a capacidade de produzir vinblastina (Guo B et al 1998) e vincristina (Zhang L et al 2000), respetivamente. A vincristina também foi isolada de um fungo endofítico das folhas de C. roseus (Yang X et al 2004). A vinblastina e a vincristina foram também isoladas de um fungo endofítico F. oxysporum de Catharanthus roseus (Kumar A et al 2013).

2.6 Novos metabólitos secundários como compostos anticancerígenos:

Inclui várias entidades químicas, nomeadamente alcalóides e heterociclos azotados, benzo flurantenos, cromonas, ciclo-hexantrona, depsidona, cumarinas, ergocromos, ésteres, lactonas, péptidos, peróxidos, policetídeos, piranos, quininas, esteróides, estilbenos, diterpenos, sesquiterpenos, triterpenos e xantonas.

CAPÍTULO 3

Compostos antimicrobianos de fungos endófitos

Os metabolitos com atividade antimicrobiana são os constituintes naturais orgânicos de baixo peso molecular produzidos por micróbios. Os constituintes são activos em pequenas concentrações contra micróbios patogénicos (Guoet al. 2007). Os antibióticos eram considerados medicamentos maravilhosos quando se tornaram acessíveis há meio século. No entanto, a popularidade dos antibióticos levou à sua utilização excessiva. Os antibióticos estão a perder a sua eficácia, uma vez que as bactérias desenvolvem resistência contra eles e os novos medicamentos quase não chegam ao mercado na última década (Cuevas2003). O problema da resistência microbiana está a aumentar e a atitude em relação à utilização de medicamentos antimicrobianos no futuro é ainda ambígua.

Por conseguinte, o problema global do fracasso crescente dos quimioterápicos e da resistência aos antibióticos demonstrada pelos agentes infecciosos microbianos patogénicos levou os investigadores a voltarem a sua atenção para os produtos naturais, em busca de novas pistas para o desenvolvimento de medicamentos melhorados contra as infecções microbianas. Estes arcos para moduladores da resistência aos antibióticos em micróbios endofíticos representam uma nova dimensão na abordagem do problema da resistência aos antibióticos. A diversidade química disponível nos endófitos continua, em grande parte, por investigar quanto ao seu potencial para melhorar a eficácia clínica dos antibióticos. Os microrganismos endofíticos têm continuado a ser fontes consistentes de novos agentes antimicrobianos, superando novos problemas e desafios.

A versatilidade dos medicamentos microbianos é gigantesca. Os microrganismos têm uma importância significativa na produção de uma gama surpreendente de medicamentos valiosos. As estirpes selvagens de micróbios produzem geralmente os metabolitos em quantidades reduzidas, de alguns miligramas a microgramas por litro de caldo fermentado. No entanto, a comunidade científica deseja uma estirpe microbiana "extraordinária" que produza muito mais do composto preferido que pode ser isolado e comercializado.

Os fungos são os micróbios endofíticos mais comummente isolados. Os endófitos produzem geralmente metabolitos secundários quando colocados em cultura. Alguns fungos endofíticos possuem atividade antimicrobiana que pode estar numa relação simbiótica com uma planta hospedeira (Yang et al. 1994). Pensa-se que os micróbios endófitos contrariam a incursão patogénica através da produção de metabolitos secundários (Tan e Zou 2001). Os compostos antimicrobianos também podem ser utilizados como aditivos alimentares para regular a deterioração dos alimentos e controlar as infecções transmitidas pelos alimentos, que são preocupações importantes da vida quotidiana (Liu et al. 2008). Os complexos antimicrobianos isolados de endófitos microbianos pertencem a diferentes classes de organismos, como flavonóides, esteróides, terpenóides, alcalóides, fenóis, quininas e péptidos (Li et al. 2009).

Os três compostos melleolides K, L e M isolados de Armillaria mellea apresentaram ação antimicrobiana contra bactérias gram positivas, leveduras e fungos (Momoseet al. 2000). A hipericina produzida por um fungo endofítico possui uma forte atividade antimicrobiana contra diferentes bactérias e fungos, incluindo Klebsiella pneumonia, Salmonella enterica. Staphylococcus aureus, Pseudomonas aeruginosa e Escherichia coli, e organismos fúngicos Candida albicans e Aspergillus niger (Kusariet al. 2008). O fungo endofítico Pichiaguillier mondii Ppf9 que produz esteroides, nomeadamente, ergosta-5,7,22-trienol , 5a,8a-epidioxyergosta-6,22- dien- 3B-ol , ergosta-7,22-dien-3B,5a,6B-triol e um ácido helvólico triterpenóide nem dammarano, apresentou uma atividade antibacteriana significativa contra todas as bactérias testadas (Jianglinet al. 2010). O endófito fúngico Chaetomium globosum isolado do Ginkgo biloba, uma planta medicinal de elevado valor, produz Chaetomugilina A e D, que têm fortes actividades antifúngicas (Qin et al. 2009). Alguns dos compostos antimicrobianos endofíticos, juntamente com o endófito, são apresentados no Quadro 3.1.

Quadro 3.1 Fungos endófitos e seus compostos antimicrobianos

Host plant	Endophyte	Bioactive metabolite	Activity	References
Grass	*Pseudomonasviridiflava*	EcomycinsBand C	Antimicrobial	Miller *etal.*1998
Tripterigeum wilfordii	*Cryptosporiopsis quercina*	CryptocandinA	Antifungal	Strobel*et al.*1999
Artemisiamongolica	*Colletotrichumgloeosporioides*	Colletotricacid	Anitibacterial Antifungal	Zou*et al.*2000
Torreyataxifolia	*Pestalotiopsismicrospore*	Ambuicacid Pestaloside	Antifungal& Phytotoxic	Li *et al.* 2001
Terminaliamorobensis	*Pestalotopsismicrospore*	Pestacin,isopestacin	Antioxidant Antifungal	Harper*eta l.*2003
Taxuscuspidate	*Periconiasp.*	PericonicinsAandB	Antibacterial	Kim*etal.*2004
Ocoteacorymbosa	*Curvularia sp.*	Benzopyrans	Antifungal	Tales *et al.*2005
Ananas ananassoides	*Muscodorcrispans*	propanoicacid, methylester	Anti-biotic	Angela *et al.* 2006
Garciniadulcis	*Phomopsis sp.*	Phomoenamide	Antimicrobial	Rukachaisirikul*et al.*2007
Branches of anunidentified tree	*Pestalotiopsisfoedan*	Pestafolide A/ B/isobenzofuranones	Antifungal	Ding*etal.* 2008
Plumeriaacutifolia	*Phomopsis sp.*	Terpenoid	Anti-microbial	Nithya and Muthumary 2010
Erythrina crista-galli	*Phomopsissp.*	Isoflavonoids	Anti-microbial	Red *et al.* 2011

Os problemas de saúde mundiais causados por bactérias e fungos resistentes aos medicamentos estão a aumentar. Muitos microrganismos patogénicos desenvolveram resistência devido à má utilização ou à utilização prolongada da mesma classe de antibióticos. Está atualmente em curso uma procura intensiva de antibióticos mais recentes e mais eficazes para lidar com estes problemas. O isolamento de novos metabolitos secundários dos endófitos é um campo de investigação progressivo (Huang et al. 2008). Os endófitos fúngicos, tais como Phaeosphaeria avenaria, Leptosphaeria sp., Fusarium sp., P. chrysanthemicola, Cladosporium sp., Cylindrocarpon sp, Saussureain volucrata, Fusarium solani, Cordycepsme morabilis, P. longicolla e Dothideomycete sp., têm atividade antimicrobiana contra bactérias e fungos patogénicos para o homem, como Micrococcus luteus e Enterococus shirae, Escherichia coli, Klebsiella pneumoniae, Bacillus subtilis, Staphylococcus aureus, Shigella flexneri, S. epidermidis, Candida tropicalis, C. albicans, Cryptococcus neoformans, A. fumigates e Salmonella typhi (Lv et al. 2010; Tayung et al. 2011; Rhoden et al. 2012). A Phomopsis sp. exibiu atividade antimicrobiana contra E. coli, K. pneumoniae, B. subtilis, M. luteus e C. albicans (Jayanthi et al. 2011). Silva et al. (2011) relataram que os metabolitos secundários de A. niger, Curvularia pallescens, Guignardi abidwelii, Paecilomyces variotii e Mycelia sterile apresentaram atividade antibacteriana contra S. aureus, B. subtilis, Enterococcus faecalis, M. luteus, E. coli e Pseudomonas aeruginosa. Gibberella sp., exibiu a atividade antimicrobiana contra S. aureus e C. neoformans (Liang et al. 2012). Os extractos de Colletotrichum gloeosporioides e Chaetomium globosum apresentaram atividade antimicrobiana contra Mycobacterium tuberculosis,

Gordoniaterrae, S. aureus e E. coli (Bungihan et al. 2013). Os extractos isolados de C. gloeosporioides apresentaram atividade antimicrobiana contra Streptococcus pyogenes e Enteroccocus faecalis (Nath et al. 2014). O extrato de Diaporthe arengae apresentou atividade antimicrobiana contra S. aureus e B. subtilis (Patil et al. 2014). A investigação anterior mostra claramente que os compostos derivados de fungos endofíticos estão a ser utilizados no desenvolvimento de medicamentos antimicrobianos.

CAPÍTULO 4

Outros compostos biologicamente activos de fungos endófitos

4.1Actividade inseticida:

Os fungos endofíticos podem proteger as suas plantas hospedeiras de agentes patogénicos e pragas (Arnold et al. 2003). Os endófitos foliares podem reduzir a herbivoria produzindo alcalóides que são tóxicos para insectos e vertebrados (Schardl 2001). Webber (1981) foi o primeiro investigador a utilizar fungos endofíticos, P. oblonga, para proteger os ulmeiros contra o escaravelho Physocnemum brevilineum. Os fungos endofíticos (Acremonium coenophialum) exibiram uma atividade inseticida contra afídeos (Rhopalo siphumpadi, Schizaphis graminum) e o inseto da serralha (Oncopeltus fasciatus) (Johnson et al.1985). Cladosporium herbarum, A.

alternata, Rhodotorularubra, Epicoccum nigrum,

Cryptococcus sp., Penicillium sp., Fusarium graminearum atuaram como protetores das plantas contra herbívoros (Larran et al. 2002; dos santos et al. 2003). Os diferentes géneros de fungos entomopatogénicos de Acremonium, Beauveria, Cladosporium, Clonostachys e Paecilomyces foram isolados das plantas de café, entre os quais B. bassiana e Clonostachysrosea foram patogénicos para a broca do café (Vega et al. 2008). Verificou-se que B. bassiana controlava os insetos da broca em mudas de café (Posada e Vega 2006). Baskar et al. (2012) afirmaram que B. bassiana isolada de Puleny exibiu atividades larvicidas e inibidoras de crescimento contra Spodopteralitura. Os fungos endofíticos Claviceps purpurea possuem uma atividade inseticida significativa contra A. gossypii Glover (Hemiptera: Aphididae) (Shi et al. 2013). Senthilkumar et al (2014) referiram que os fitoquímicos como o ácido dodecanóico, o éster etílico, o ácido ftálico e o éster octil-2-pentílico isolados de Phomopsis sp. são utilizados como inseticida. O Cladosporium oxysporum mostrou atividade inseticida contra A. fabae (Bensaci et al. 2015). Os extractos de Emericellanidulans, A. oryzae, A. tamari e A. versicolor foram aplicados topicamente em larvas de S. litura e verificou-se que todos os fungos apresentaram atividade inseticida; nomeadamente A. versicolor apresentou uma atividade inseticida máxima (Abraham et al. 2015).

4.2 Estimulantes do crescimento das plantas:

Os endófitos podem promover ativa ou passivamente o crescimento das plantas através de uma variedade de mecanismos, uma vez que os metabolitos endofíticos proporcionam uma variedade de aptidões às plantas hospedeiras, aumentando a resistência das plantas a stresses bióticos e abióticos, bem como o crescimento das plantas. Muitos endófitos são capazes de solubilizar fosfato, aumentar a absorção de fósforo (P), fixação de azoto, produção de sideróforos e hormonas vegetais como auxina, abscisinas, etileno, giberelinas e ácido indol acético (IAA), que são importantes para a regulação do crescimento das plantas (Goodman et al. 1986; Barraquio et al. 1997; Malinowski et al. 1999; Zou et al. 1999; Malinowski e Belesky 2000; Boddey et al. 2003; Loiret et al. 2004, Sandhiya et al. 2005, Firakova et al. 2007). O ácido giberélico (GA) é uma potente fito-hormona que regula o crescimento das plantas. O fungo endófito, Cladosporium sphaerospermum, da planta Glycine max (L) Merr. produz GA3, GA4 e GA7. Induziu o crescimento de plantas em arroz e soja (Hamayun et al. 2009). Um análogo de pestalotina isolado do Pestalotiopsis microspora exibiu uma atividade significativa de giberelina contra sementes de Distylium chinense e aumentou a taxa de germinação (85,56%) (Li et al. 2015). Os derivados do ácido indol acético de Fusarium tricinctum e A. alternate melhoraram o crescimento das plantas (Khan et al. 2015).

4.3 Proteção das culturas:

Os fungos endofíticos também são capazes de induzir resistência a doenças, e muitos mecanismos têm sido propostos para esta resistência. Os mecanismos de resistência induzida por endófitos estão relacionados com o estado nutricional do hospedeiro e com o aumento da aptidão das plantas através do aumento da sua tolerância ao stress abiótico (Aguilar e Barea 1996). Os fungos endofíticos Cryptosporiopsis cf. quercina e Colletotrichum sp. são considerados eficazes contra fitopatógenos como Rhizoctonia cerealis, Phytophthora capsici, Pyricularia oryzae, Gaeumannomyces graminis (Li et al. 2000; Lu et al. 2000).

4.4 Fitoremediação:

Desempenha um papel importante na comunidade ecológica, com o objetivo de diminuir a deterioração da terra e da água causada pelo excesso de insecticidas orgânicos tóxicos, a degradação ambiental, os esgotos industriais, os gases venenosos e a perda de biodiversidade. O controlo biológico utilizando endófitos como um novo método eficiente está a ser amplamente utilizado para a remediação ambiental e para matar insectos ou agentes patogénicos (Guo et al. 2008).

Uma nova aplicação de endófitos na área da fitorremediação (remoção assistida por plantas de xenobióticos e metais pesados do solo) (Ma et al.

2011). No entanto, o sucesso da fitorremediação depende da capacidade dos micróbios e das plantas para tolerar e acumular elevadas concentrações de poluentes, produzindo simultaneamente uma grande biomassa. Devido ao potencial dos microrganismos para a bioacumulação de metais pesados e outros poluentes do ambiente ou para aumentar o crescimento das plantas e a absorção de poluentes do solo pelas plantas através da mobilização/imobilização de poluentes (Ma et al. 2011). As plantas, Festuca arundinacea schreb. e F. pratensis Huds. são infectadas com fungos endofíticos Neotyphodium coenophialum e N. uncinatum e plantas não infectadas são cultivadas em solo contaminado com petróleo. As plantas infectadas com endófitos tinham mais biomassa de rebentos e raízes.

CAPÍTULO 5

Referências

Abraham S, Basukriadi A, Pawiroharsono S, Sjamsuridzal W. Atividade inseticida de extratos de acetato de etila de filtrados de cultura de endófitos fúngicos de mangue. Mycobiol.2015; 43:137-149.

Aguilar AC, Barea JM. Micorriza arbuscular e controlo biológico de fitopatógenos do solo - uma visão geral dos mecanismos envolvidos. *Mycorrhiza.* 1996; 6: 457-464.

Arnold AE, Mejia LC, Kyllo D, Rojas EI, Maynard Z, Robbins N, Herre EA. Os endófitos fúngicos limitam os danos causados por agentes patogénicos numa árvore tropical. *ProcNatlAcad Sci.* 2013; 100: 15649-15654.

Barraquio WL, Revilla L, Ladha JK. Isolamento de bactérias diazotróficas endofíticas de arroz de terras húmidas. *Plant Soil.*1997; 194: 15-24.

Baskar K, Raj GA, Mohan PM, Lingathurai S, Ambrose T, Muthu C. Actividades larvicidas e inibidoras do crescimento do fungo entomopatogénico, Beauveria bassiana, contra o verme do exército asiático, 62.SpodopteralituraFab. (Lepidoptera: Noctuidae). J Entomol.2012; 9: 155-162.

Bensaci OA, Daoud H, Lombarkia N, Rouabah K. Formulação do fungo endofítico Cladosporium oxysporum Berk. & M.A. Curtis, isolado de Euphorbia bupleuroides sub sp. luteola, como uma nova ferramenta de biocontrolo contra o pulgão do feijão preto (Aphis fabae Scop.). J Plant Protect Res. 2015; 55: 80-87.

Boddey RM, Urquiaga S, Alves BJR, Reis V. Fixação endofítica de nitrogênio em cana-de-açúcar: conhecimento atual e aplicações futuras. *Solo Vegetal.2003; 252:* 139-149.

Bungihan ME , Tan MA, Takayama H, dela Cruz TEE, Nonato MG. Um novo macrolídeo isolado do fungo endofítico *Colletotrichum* sp., *Philippine Sci Lett.* 2013; 6:

Butler MS (2008) Natural products to drugs: natural product- derived compounds in clinical trials. Relatório de Produtos Naturais 25:475516

Cao L, Huang J, Li J. Condições de fermentação do fungo endofítico Sinopodophyllum hexandrum na produção de podofilotoxina. Food Ferment Ind 2007;33:28-32.

dos Santos RMG, Rodrigues-Fo E, Rocha WC, Teixeira MFS. Fungos endofíticos de Meliaazedarach.World J MicrobiolBiotechnol.2003; 19: 767-770.

Elavarasi A, SathiyaRathna G, Kalaiselvam M. Taxol produzindo fungos endofíticos de mangue Fusarium oxysporum de Rhizophoraanna malayana. Asian Pac J Trop Biomed 2012;2:S1081-S1085.

Eyberger A, Dondapati R, Porter J. Isolados de fungos endófitos de Podophyllum peltatum produzem podofilotoxina. J Nat Prod 2006;69:1121-4.

Firakova S, Sturdikova M, Muckova M. Bioactive secondary metabolites produced by microorganisms associated with plants. *Biologia.2007; 62/3:* 251-257.

Gangadevi V, Muthumary J. Taxol production by Pestalotiopsis terminaliae, an endophytic fungus of Terminaliaar juna(arjun tree). Biotechnol Appl Biochem 2009;52:9-15.

Garyali S, Kumar A, Reddy MS. Produção de taxol por um fungo endofítico, Fusarium redolens, isolado do teixo dos Himalaias. J MicrobiolBiotechnol 2013;23:1372-80.

Goodman RN, Kiraly Z, Wood RKS. The Biochemistry and Physiology of Plant Disease. University of Missouri Press, Columbia USA. 1986;

Grove JF, MacMillan J, Mulholland TPC, Rogers MAT. 762. Griseofulvina. Parte IV. Estrutura.Journal of the Chemical Society. 1952:3977-3987.

Guo B, Li H, Zhang L. Isolamento do fungo que produz vinblastina. J Yunnan University Nat Sci Edition 1998;20:214-5.

Guo B, Wang Y, Sun X, Tang K. Bioactive Natural Products from Endophytes: A review. Appl Biochem Microbiol. 2008; 44: 136-142.

Guo S, Jiang B, Su Y, Liu S, Zhang L. Podofilotoxina e seus análogos do derivado de fungos endofíticos de Dysosma Veitchii. Biotecnologia 2004;14:55-7.

Hamayun M, Khan SA, Ahmad N,Tang D, Kang S, Na C, Sohn E, Hwang Y, Shin D, Lee B, Kim J, Lee I. Cladosporiumsphaero spermum como um novo endófito promotor do crescimento de plantas a partir das raízes de Glycine max (L.) Merr.World J Microbiol Biotechnol. 2009; 25: 627-632

Hamilton-Miller JMT (2008) Development of the semisynthetic penicillins and cephalosporins (Desenvolvimento das penicilinas e cefalosporinas semi-sintéticas). Jornal Internacional de Agentes Antimicrobianos 31:189-192

Hirsch, GU.; Braun, U. Comunidades de microfungos parasitas. In: Winterhoff, W., editor. Handbook of Vegetation Science: Fungi in Vegetation Science. Vol. 19. Kluwer Academic; Dordrecht: 1992. p. 225-250.

Hsiang YH, Hertzberg R, Hecht S, Liu LF. A camptotecina induz quebras de DNA ligadas a proteínas através da DNA topoisomerase I de mamíferos. J Biol Chem 1985;260:14873-8.

Huang JX, Zhang XR, Zhang K, Zhang X, He XR. Mucor fragilis como uma nova fonte dos principais agentes farmacêuticos podofilotoxina e kaempferol. Pharm Biol 2014;52:1237-43.

Huang WY, Cai YZ, Hyde KD, Croke H, Sun M. Biodiversidade de fungos endofíticos associados a 29 plantas medicinais tradicionais chinesas. Fungal Diversity. 2008; 33: 61-75

Jayanthi G, Kamalraj S, Karthikeyan K, Muthumary J. Atividade antimicrobiana e antioxidante da planta endofítica

fungo Phomopsissp. GJJM07 isolado de Mesuaferrea. Int J Curr Sci. 2011; 1: 85-90.

Johnson MC, Dahlman DL, Siegel MR, Bush LP, Latch GCM, Potter DA, Varney DR.

Dissuasores de alimentação de insectos em festuca alta infetada com endófitos. Appl Environ Microbiol. 1985; 49: 568-571.

Keller NP, Turner G, Bennett JW. Fungal secondary metabolism- from biochemistry to genomics. Nat Rev Microbiol 2005;3:937-47.

Khan AR, Ullah I, Waqas M, Shahzad R, Hong SJ, Park GS, Jung BK, Lee IJ, Shin JH. Potencial de promoção do crescimento vegetal de fungos endofíticos isolados de folhas de Solanum nigrum. World J MicrobiolBiotechnol.2015; 31: 1461-1466.

Kharwar RN, Mishra A, Gond SK, Stierle A, Stierle D. Compostos anticancerígenos derivados de fungos endófitos: sua importância e desafios futuros. Natural Product Reports.2011; 28:1208-1228.

Kimura M, Anzai H, Yamaguchi I. Toxinas microbianas nas interações planta-agente patogénico: Biossíntese, mecanismos de resistência e importância. Jornal de Microbiologia Geral e Aplicada.2001; 47:149-160.

Kour A, Shawl A, Rehman S, Sultan P, Qazi P, Suden P, et al. Isolamento e identificação de uma estirpe endofítica de Fusarium oxysporum que produz podofilotoxina a partir de Juniperusre curva. World J MicrobiolBiotechnol 2008;24:1115-21.

Kumar A, Patil D, Rajamohanan PR, Ahmad A. Isolamento, purificação e caraterização do fungo endofítico Fusarium oxysporum isolado de Catharanthus roseus. PLoSOne2013 ; 8:e71805. Doi.org/10.1371/journal.pone.0071805. [Artigo no prelo].

Kusari S, Zuhlke S, Spiteller M. Um fungo endofítico de Camptotheca acuminata que produz camptotecina e análogos. J Nat Prod 2009;72:2-7.

Larran S, Perello A, Simo MR, Moreno V. Isolamento e análise de microrganismos endofíticos em folhas de trigo (Triticum aestivum L.). World J Microbiol Biotechnol.2002; 18: 683686.

Li JY, Strobel G, Harper J, Lobkovsky E, Clardy J. Cryptocin, um potente antimicótico de ácido tetrâmico do fungo endofítico Cryptosporiopsiscf. quercina. Org Lett. 2000; 2: 767-770.

Li JY, Strobel GA, Sidhu R, Hess WM, Ford E. Endophytic taxol producing fungi from bald cypress Taxodium distichum. Microbiologia 1996;142:2223-6.

Li X, Guo Z, Deng Z, Yang J, Zou K. Um novo derivado de cc-pirona do fungo endofítico Pestalotiopsis microspora. Rec Nat Prod.2015; 9: 503-508.

Liang H, Xing Y, Chen J, Zhang D, Guo S, Wang C. Actividades antimicrobianas de fungos endofíticos isolados de Ophiopogon japonicus (Liliaceae). BMC Com Alt Med.

2012; 12: 238 http://www.biomedcentral.com/1472-6882/12/238

Loiret FG, Ortega D, Kleiner P, Ortega R, Rodes R, Dong Z.A putative new endophytic nitrogen-fixing bacterium Pantoeasp. from sugarcane. J ApplMicrobiol.2004; 97: 504-511.

Lu H, Xou WX, Meng JC, Hu J, Tan RX. Novos metabolitos bioactivos produzidos por Colleto trichum sp., um fungo endofítico em Artemisia annua. Plant Sci. 2000;151: 67-73.

Lu L, He J, Yu X, Li G, Zhang X. Estudos sobre o isolamento e identificação da estirpe de fungos endofíticos SC13 da planta farmacêutica Sabina vulgaris. Ant. e metabolitos. Ata Agric Boreali-Occident Sin 2006;15:85-9.

Lv Y, Zhang Y, Chen Y, Cui J, Xing Y, Li X, Guo S. Diversidade e atividade antimicrobiana de fungos endofíticos associados à planta alpina Saussurea involucrate. Biol Pharm *Bull.* 2010; 33: 1300-1306

Ma Y, Prasad MNV, Rajkumar M, Freitas H. As rizobactérias e os endófitos promotores do crescimento das plantas aceleram a fitorremediação de solos metalíferos. Biotechnol Adv. 2011; 29: 248-258.

Maiese WM, Lechevalier MP, Lechevalier HA, Korshalla J, Kuck N, Fantini A, Wildey MJ, Thomas J, Greenstein M. Calicheamicins, uma nova família de antibióticos antitumorais: taxonomia, fermentação e propriedades biológicas. Journal of Antibiotics.1989; 42:558-63. [PubMed: 2722671]

Malinowski DP, Belesky DP. Adaptations of endophyte-infected cool-season grasses to environmental stresses: mechanisms of drought and mineral stress tolerance.

Crop Science.2000; 40: 923-940.

Malinowski DP, Brauer DK, Belesky DP. O endófito Neotyphodium coenophialum afecta a morfologia radicular da festuca alta cultivada sob deficiência de fósforo. J Agronomy Crop Science.1999; 183: 53-60.

Michalczyk A, Cieniecka-Roslonkiewicz A, Cholewinska M. Fungos endofíticos de plantas como fonte de paclitaxel. Herba Pol 2015;60:22-33.

Moore A, Pinkerton R. Vincristina: pode o seu índice terapêutico ser melhorado? Pediatric Blood Cancer 2009;53:1180-7.

Nadeem M, Ram M, Alam P, Ahmad MM, Mohammad A, Al- Qurainy F, et al. Fusarium solani, P1, um novo fungo endofítico produtor de podofilotoxina a partir de raízes de Podophyllum hexandrum. Afr J Microbiol Res 2012;6:2493-9.

Nath A, Pathak J, Joshi SR. Avaliação da bioatividade de fungos endofíticos associados a Centella asiatica e Murrayakoengi. J ApplBiolBiotechnol.2014; 2: 6-11.

Parry R, Nishino S, Spain J. Naturally-occurring nitro compounds. Nat Prod Rep 2011; 28:152-167

Patil MP, Patil RH, Patil SG, Maheshwari VL. Mycoflora endofítica da planta medicinal indiana, Terminalia arjuna e suas actividades biológicas, Int J Biotechnol Wellness Ind. 2014; 3: 53-61.

Perez J, Pardo J, Gomez C. Vincristina: um tratamento eficaz de hemangiomas infantis resistentes a corticóides e com risco de vida. Ata Oncol 2002;41:197-9.

Pirttila AM, Frank AC (2011) Endophytes of forest trees, biology and applications. Springer, Berlim.

Posada F, Vega FE. Inoculação e colonização de mudas de café (Coffea arabicaL .) com o fungo entomopatogénio Beauveria bassiana (Ascomycota: Hypocreales), Mycoscience. 2006; 47: 284-289.

Pu X, Qu X, Chen F, Bao J, Zhang G, Luo Y. Fungo endofítico produtor de camptotecina Trichoderma atroviride LY357: Isolamento, identificação e fermentação

otimização das condições para a produção de camptotecina. Appl Microbiol Biotechnol 2013;97:9365-75.

Puri S, Nazir A, Chawla R, Arora R, Riyaz-ul-Hasan S, Amna T, et al. O fungo endofítico Tramete shirsuta como uma nova fonte alternativa de podofilotoxina e tetralinliganos arilo relacionados. J Biotechnol 2006;122:494-510.

Puri S, Verma V, Amna T, Qazi G, Spiteller M. Um fungo endofítico de Nothapodytes foetida que produz camptotecina. J Nat Prod 2005;68:1717-9.

Rakshith D, Sreedharamurthy S. Endophytic fungi: Armazéns "presos" ou "escondidos" de compostos bioactivos nas plantas: uma revisão. J Pharm Res 2010;3:2986-9.

Saikkonen K, Faeth SH, Helander M, Sullivan TJ. Fungal Endophytes: A continuum of interactions with host plants. Annual Review of Ecology and Systematics.1998; 29:319343.

Sandhiya GS, Sugitha TC, Balachandar D, Kumar K. Colonização endofítica e fixação de azoto em plantas por uma Serratia sp. diazotrófica em arroz. Indian J Exp Biol. 2005; 43: 802-807.

Schardl CL. Epichloe festucae e simbiontes mutualistas relacionados de gramíneas. *Fungal Genet Biol.* 2001; 33: 69-82.

Schatz A, Bugie E, Waksman S. Streptomycin: uma substância que exibe atividade antibiótica contra bactérias Gram-positivas e Gram-negativas. Actas da Sociedade de Medicina Experimental e Biológica.1944; 55:66-69.

Senthilkumar N, Murugesan S, Babu DS, Rajeshkannan C. Análise GC- MS do extrato do fungo endofítico, Phomopsissp. isolado de espécies de árvores tropicais da Índia, TectonagrandisL. *Int J Innov Res Sci Eng Tech.* 2014; 3:10176-10179.

Shi YW, Zhang X, Lou K. Isolamento, caraterização e atividade inseticida de um endófito do cavalo bêbado

Achnatherum inebrians. J Insect Sci. 2013; 13:151. doi: 10.1673/031.013.15101.

Singh S, Gurumurthy BR, Ravikanth G, Ramanan US, Shivanna MB. Fungos endofíticos de Miquelia dentata Bedd., produzem o alcaloide anti-cancerígeno, camptotecina. Phytomedicine 2013;20:337-42.

Stierle A, Strobel G, Stierle D. Taxol and taxane production by Taxomycesandreanae an endophytic fungus of Pacific yew. Science.1993; 260:214-216.

Strobel G, Yang X, Sears J, Kramer R, Sidhu RS, Hess WM. Taxol de Pestalotiopsis microspora, um fungo endofítico de Taxus wallichiana. Microbiologia 1996; 142:43540.

Strobel GA, Hess WM, Li JY, Ford E, Sears J, Sidhu RS, et al. Pestalotiopsis guepinii, um endófito produtor de taxol do pinheiro Wollemi, Wollemia nobilis. Aust J Bot 1997;45:1073- 82.

Tan R, Zou W. (2001) Endophytes: a rich source of functional metabolites. Nat Prod Rep; 18:448-59.

Tayung K, Barik BP, Jha DK, Deka DC (2011). Identificação e caraterização do metabolito antimicrobiano de um fungo endofítico, Fusarium solani, isolado da casca do *teixo* dos Himalaias. *2:* 203-213.

Tejesvi MV, PirttilaAM (2011) Potencial dos endófitos de árvores como fontes de novos compostos medicamentosos. In: Pirttila

Tiwari R, Awasthi A, Mall M et al (2013) Melhoria mediada por endófitos bacterianos do conteúdo in planta de alcalóides terpenoidindole chave e parâmetros de crescimento de *Catharanthus roseus*.Ind Crop Prod 43:306-310

Vega FE, Posada F, Aime MC, Pava-Ripoll M, Infante F, Rehner SA. Endófitos de fungos entomopatogénicos. *Biological Control.2008;* 46: 72-82.

Wall M, Wani M, Cook C, Palmer K, McPhail A, Sim G. O isolamento e a estrutura da camptotecina, um novo alcaloide inibidor da leucemia e do tumor da Camptotheca acuminata. J Am Chem Soc 1996;88:3888-90.

Wang J, Li G, Lu H, Zheng Z, Huang Y, Su W. Taxol from Tuberculariasp. strain TF5, an endophytic fungus of Taxusmairei. FEMS Microbiol Lett 2000;193:249-53.

Wang Q, Yuan F, Pan Q, Li M, Wang G, Zhao J, et al. Isolamento e análise funcional do promotor do gene de Catharanthus roseus deacetylvindoline-4-O-acetyltransferase. Plant Cell Report 2010; 29:185-92.

Webber J.A. Natural control of Dutch elm disease (Controlo natural da doença do olmo holandês). Nature. 1981; 292: 449-451.

Yang X, Guo S, Zhang L, Shao H. Seleção de fungos endofíticos produtores de podofilotoxina a partir de plantas de podofilina. Nat Prod Res Dev 2013;15:419-22.

Yang X, Zhang L, Guo B, Guo S. Estudo preliminar de um fungo endofítico produtor de vincristina isolado de folhas de Catharanthus roseus. Chin Tradit Herb Drugs 2004;35:79-81.

Zeng S, Shao H, Zhang L. Um fungo endofítico que produz uma substância análoga à podofilotoxina isolada de Diphylleiasinensis. J Microbiol 2004;24:1-2.

Zhang L, Guo B, Li H, Zeng S, Shao H, Gu S, Wei R. Estudo preliminar sobre o isolamento do fungo endofítico de Catharanthus roseus e a sua fermentação para produzir produtos de valor terapêutico. Chin Tradit Herb Drugs 2000;31:805-7.

Zou Z, Zou L, Wang W, Shan T, Zhong L, Liu X, et al. Fungos endofíticos para a produção de compostos bioactivos originários das suas plantas hospedeiras. Curr Res Technol 2010;2:567-76.

MIX
Papier aus verantwortungsvollen Quellen
Paper from responsible sources
FSC® C105338

Printed by Books on Demand GmbH, Norderstedt / Germany